国际时装设计经典系列丛书

Great Big Book of Fashion Illustration

国际时装画技法与风格

（美）马丁·道伯尔 著

王 凯 译

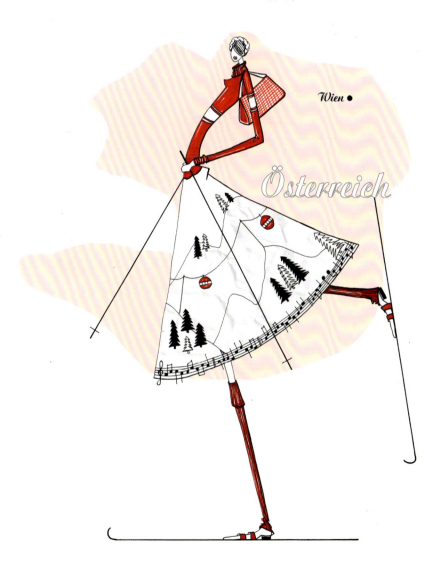

东华大学 出版社 ·上海·

目录

凯迪·罗德丝
Katie Rodgers
《让·保罗· 高提耶女孩》，2009
水彩、墨水

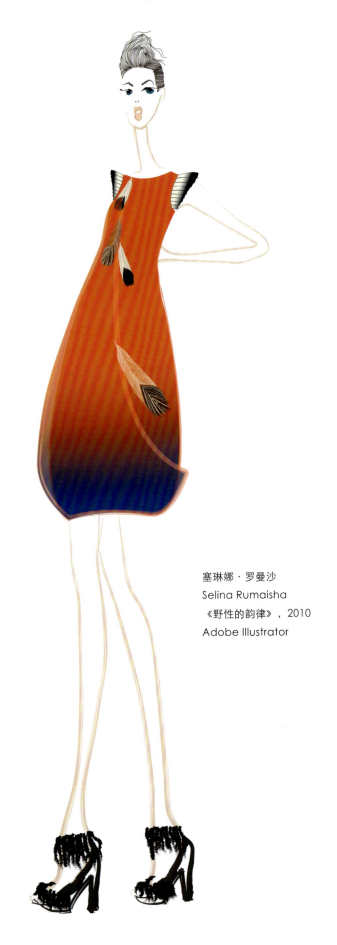

塞琳娜·罗曼沙
Selina Rumaisha
《野性的韵律》，2010
Adobe Illustrator

前言

本书作者马丁·道伯尔 (Martin Dawber) 反复重申，他的目标是将他搜集到的大胆且充满创意的作品，怀揣崇敬和爱慕之心地呈现给世人，并影响全球的时装画新趋势。

"灵感"一词的产生和存在过于神秘，实在无法用科学的方式诠释，因此也被世人看作为一种精神世界神圣召唤的力量。按照 T.S. 埃立特 (T.S. Eliot) 所说，灵感就像某些深邃而无法理解的事物的探访，他们的来访使我们一再确信，或者说一再提醒我们，这世界上存在一种与我们有关却超越我们控制范围的东西。灵感也许不属于凡人，然而有些人会被周遭的事物所感染。来自不同国家的影像、气味、声音和反思深深地印入个人特质中，几乎和一个人的指纹一样独特，这使得艺术家之间风格迥异。当今的灵感可以说是想有多深奥就有多深奥、想有多独特就有多独特。来自东京的创意作品必然不同于来自伦敦、巴黎和印度的作品。那是因为每个人都会从许多不同的角度并根据个人理解来诠释创意。几乎不可能划分或决断什么是可以接受的，什么是不能接受的。创意表达就好像存在于一个魔幻世界中，那里没有被限定的边界，而你的想象力将直接决定你的视野有多生动、多丰富。

从很多角度看，本书都是一个丰富的资源宝库。它囊括了各种新潮的、充满能量的创意源泉。在技法上包罗万象，手绘、喷绘、电脑绘制、拼贴、缝制……不一而足。风格迥异，为我们开阔视野，打开了灵感与创意之门，不管是学生、教师、从业人员还是业余爱好者，都能从中受益匪浅。

威廉．提罗 (William Teo)
教学事务办公室副主任，服装系主任
新加坡南洋艺术学院

狄梦洁
Mengjie Di
《年轻女性制服》，2010
铅笔、Adobe Photoshop

JEREMY LAING
FALL 2010

女装

高木信子
Nobuko Takagi
《个人作品》，2008
Adobe Photoshop

阿塔克斯尼雅
Artaksiniya
《太阳花》，2010
Adobe Photoshop

斯维特拉娜·马斯特科娃
Svetlana Makarova
《橙色女孩 2 》，2009
CorelDRAW

温蒂·普罗曼
Wendy Plovmand
《巴西连衣裙》，2005
Adobe Photoshop

罗宾·尼克·内尔德
Robyn Nicole Neild
《蝴蝶沟》，2009
拼贴、水粉

罗宾·尼克·内尔德
Robyn Nicole Neild
《加利亚诺的态度》，2005
钢笔、墨水、水彩

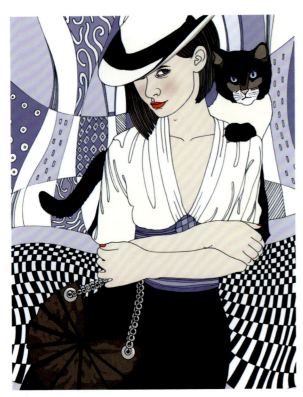

安妮·吕贝克
Anne Lück
出自 *Saisonelle* 杂志，《不同种类的香水——作品 1 号》，2009
纸上墨水画、Adobe Photoshop

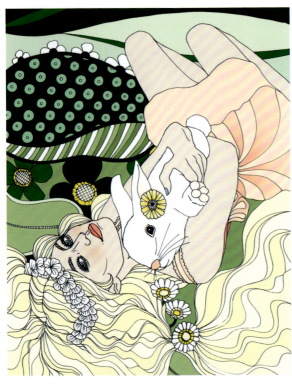

安妮·吕贝克
Anne Lück
出自 *Saisonelle* 杂志，《不同种类的香水——作品 2 号》，2009
纸上墨水画、Adobe Photoshop

斯维特拉娜·马斯特科娃
Svetlana Makarova
《波希米亚风》，2009
CorelDRAW

安妮莉·卡洛斯托姆
Annelie Carlström
《小超市皇后》，2008
铅笔、Adobe Photoshop

萝拉·加尔布雷思
Laura Galbraith
《一阵风吹散发丝》，2008
墨水、Adobe Photoshop

"都市深渊"工作室
Cityabyss Illustration
米拉的自由创作项目，2007
手绘、拼贴、Adobe Photoshop

松原志穂
Shiho Matsubara
《个人创作》，2008
Adobe Photoshop、Adobe Illustrator

比佐健太郎
Kentaro Hisa
《个人创作》，2006
Adobe Illustrator

阿尔西纳·佩里曼·布罗
Alcine Perryman Burow
《上衣和下装》，2009
笔刷绘制、扫描、 Adobe Photoshop

思德 · 丹尼尔斯
Sid Daniels
《卡拉马祖作品 2 号》，2008
布上丙烯

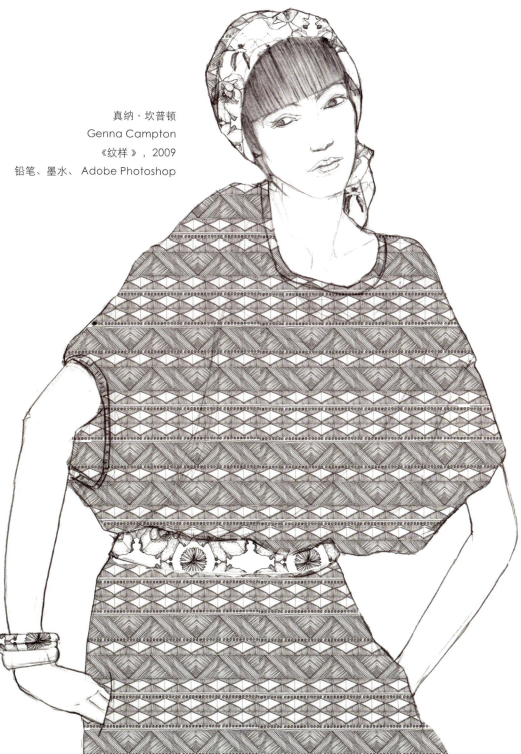

真纳 · 坎普顿
Genna Campton
《纹样 》，2009
铅笔、墨水、Adobe Photoshop

玛利亚 · 帕西科夫斯基
Mariya Paskovsky
《雏菊》，2009
墨水、Adobe Illustrator

今井由美
Yumi Imai
《个人创作》，2009
粉质矿物颜料、明胶

卡利·摩登
Kari Moden
《沙发》，2007
Adobe Illustrator

丹尼尔·米德尔
Danielle Meder
《寇特妮1》，2010
水彩、铅笔

14

松原志穂
Shiho Matsubara
《个人创作》，2008
Adobe Photoshop、Adobe
Illustrator

小町花子
Hanako Komachi
《个人创作》，2007
丙烯

清水成
Shing Shimizu
《时尚 2 号》，2009
Adobe Illustrator

亚历山大·斯坎德拉
Alessandra Scandella
《戴黑帽子的女人》，2010
水彩

丹尼尔·米德尔
Danielle Meder
《寇特妮 2》，2010
水彩、铅笔

比佐健太郎
Kentaro Hisa
《个人创作》，2008
Adobe Illustrator

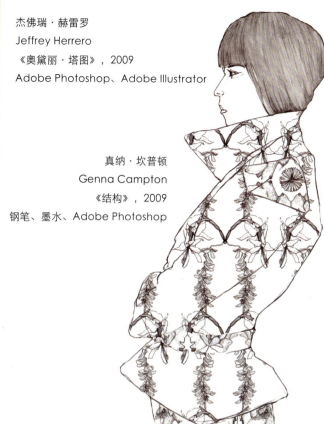

杰佛瑞·赫雷罗
Jeffrey Herrero
《奥黛丽·塔图》，2009
Adobe Photoshop、Adobe Illustrator

真纳·坎普顿
Genna Campton
《结构》，2009
钢笔、墨水、Adobe Photoshop

莫妮卡·林德
Monica Lind
《玛丽》，2008
毛笔、墨水、Adobe Photoshop

17

小町花子
Hanako Komachi
《个人创作》，2007
丙烯

松原志穂
Shiho Matsubara
《个人创作》，2008
Adobe Photoshop、
Adobe Illustrator

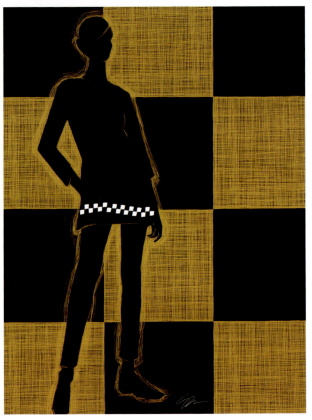

淑玲·卡齐姆
Sherine Kazim
《无辜的女孩》，2010
Adobe Photoshop

玛利亚·卡德林
Maria Cardelli
《女人》，2008
丙烯、指甲油、亚麻布上拼贴

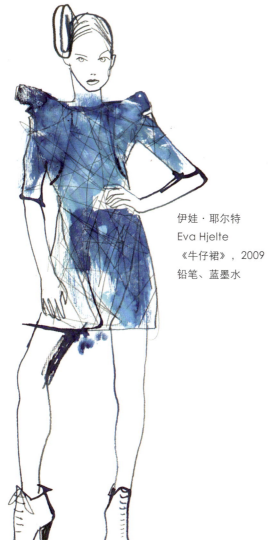

伊娃·耶尔特
Eva Hjelte
《牛仔裙》，2009
铅笔、蓝墨水

罗伦·毕夏普
Lauren Bishop
《鸦片金》，2006
铅笔、钢笔、墨水、Adobe Photoshop

玛格丽特·瓦吉
Marguerite Sauvage
出自杂志 *Pili Pili*，《织毛衣》，2008
纸上铅笔、Adobe Photoshop

艾伦·凡·恩格伦
Ellen van Engelen
《手工艺品展览》，2009
钢笔、墨水、Adobe Photoshop

安妮·吕贝克
Anne Lück
《镜子中的自画像——作品 1 号》，
2009
墨水、Adobe Photoshop

野田真希子
Makiko Noda
《门外吹来的如风般的克洛伊》，2010
铅笔、彩铅、水粉

埃斯拉·卡罗琳·罗亦斯
Esra Caroline Røise
《鸟后》，2009
铅笔、水彩

艾里克·斯特朗
Alec Strang
《玛丽梅科公司的德里克劳勒》，2009
自动铅笔、Adobe Photoshop

柳博芙·迪比纳
Lyubov Dubina
为列别捷夫工作室绘制的作品，2009
Corel Painter

柳博芙·迪比纳
Lyubov Dubina
出自世界时装之苑 *Elle*（乌克
兰），《水瓶座》，2009
Corel Painter

安妮·吕贝克
Anne Lück
出自 *Intro*，《一个热爱时尚的
人》，2008
墨水、Adobe Photoshop

brit-girl: british young
n who is well-known because she
o the most fashionable places
and knows famous people.

阿摩丝
Amose
《阿斯诺比》，2009
墨水、上胶纸

伊洛迪·纳代罗
Eldie Nadreau
《英伦女孩》，2009
铅笔、水彩、墨水、镂空、Adobe Photoshop

淑玲·卡齐姆
Sherine Kazim
《被倾盆大雨淋个落汤鸡》，2010
Adobe Photoshop

松原志穂
Shiho Matsubara
《个人创作》，2010
Adobe Photoshop、Adobe Illustrator

莫妮卡·林德
Monica Lind
《酷》，2007
毛笔、墨水

野田真希子
Makiko Noda
《购物》，2009
铅笔、彩铅、水粉

罗宾·尼克·内尔德
Robyn NicoleNeild
自由广告《滑板女孩丽比》，1997
拼贴、水粉

高木信子
Nobuko Takagi
《个人创作》，2008
Adobe Photoshop

伊娃·耶尔特
Eva Hjelte
《毛皮夹克》，2008
铅笔、墨水、丙酮

埃斯拉·卡罗琳·罗亦斯
Esra Caroline Røise
《黑白无间》，2009
铅笔、水彩

比佐健太郎
Kentaro Hisa
《个人创作》，2005
Adobe Illustrator

斯维特拉娜·马斯特科娃
Svetlana Makarova
《波莉》，2009
CorelDRAW

阿塔克斯尼雅
Artaksiniya
《时髦宇航员》，2010
Adobe Photoshop

皮特罗·巴黎
Piet Paris
韩国广告《贝雷帽》，2008
喷枪、剪纸

阿摩丝
Amose
《橄榄油》，2009
墨水、上胶纸

阿尔西纳·佩里曼·布罗
Alcine Perryman-Burow
《马尾辫》，2009
毛笔线描、Adobe Photoshop

罗伦·毕夏普
Lauren Bishop
《苹果》，2007
铅笔作品扫描、Adobe Photoshop

艾萨克·波南
Isaac Bonan
《褐色女人》，2010
水彩、彩铅

真纳·坎普顿
Genna Campton
《房子的外衣》，2008
钢笔、墨水、Adobe Photoshop

马克西姆·萨瓦
Maxim Savva
出自独立媒体 Sanoma 杂志，《全球购》，2009
Adobe Illustrator

光田惠
Megumi Mitsuda
《购物》，2003
水彩、纸拼贴

马克西姆·萨瓦
Maxim Savva
《个人创作》，2009
Adobe Illustrator

莫妮卡·林德
Monica Lind
《遛狗》，2000
毛笔、墨水

马克西姆·萨瓦
Maxim Savva
出自独立媒体 *Sanoma* 杂志，
《全球购》，2009
Adobe Illustrator

克里斯蒂·波斯特兰

Christian Borstlap

塞尔福里奇百货公司春季策划案，2000

Adobe Photoshop、Adobe Illustrator

詹姆士·迪格南

James Dignan

出自 *Icon* 杂志（德国），2009

水粉

马克西姆·萨瓦
Maxim Savva
出自独立媒体 *Sanoma* 杂志，
《全球购》，2009
Adobe Illustrator

康妮·利姆
Connie Lim
《钻石女王》，2009
水粉、钢笔、墨水

达莉亚·加本库
Daria Jabenko
《时尚皮鞋》，2008
水粉、墨水

亚历山大·斯坎德拉
Alessandra Scandella
《派对！》，2010
Adobe Photoshop

"都市深渊"工作室
Cityabyss Illustration
《一件家具》，2008
手绘、拼贴、Adobe Photoshop

蕾妮·里斯·赛尔尼克
Renee Reeser Zelnick
《黑色小礼服》，2007
棱镜色彩铅、Adobe Photoshop

雅诺·卡图那
Jarno Kettunen
《Jil Sander 春夏女装》，2008
水粉、清漆、色粉、立德牌钢笔、棕色彩铅

蕾妮·里斯·赛尔尼克
Renee Reeser Zelnick
《粉色熟女》，2007
棱镜色彩铅、Adobe Photoshop

卡米拉·格雷
Camilla Gray
《梦想中的裙子》（巴尔曼），2009
铅笔、水彩、Adobe Photoshop

淑玲·卡齐姆
Sherine Kazim
《初进社交界的少女》，2010
Adobe Photoshop

纳迪沙·可达明
Nadeesha Godamunne
《丽塔》，2009
粉笔、墨水

"都市深渊"工作室
Cityabyss Illustration
《聚集》，自由创作，2009
手绘、Adobe Photoshop

韩美淑
Han Mi-suk
《神秘主义》，2009
水彩、丙烯、钢笔、墨水、Adobe Illustrator、
Adobe Photoshop

罗伦·毕夏普
Lauren Bishop
《奢华》，2008
铅笔、实物扫描、
Adobe Photoshop

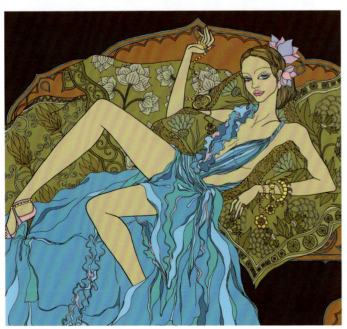

玛利亚·帕西科夫斯基
Mariya Paskovsky
《躺在沙发上的天后》，2007
黑色墨水、Adobe Photoshop

雅诺·卡图那
Jarno Kettunen
Boudicca 春夏高级成衣定制，2008
水粉、喷绘、色粉、石磨铅笔

雅诺·卡图那
Jarno Kettunen
《Christopher Kane 2009 春夏女装》，2008
水粉、石墨铅笔

克斯丁·瓦克
Kerstin Wacker
《花裙子》，2009
水彩、墨水笔、Adobe Photoshop

斯维特拉娜·马斯特科娃
Svetlana Makarova
《金发女郎》，2008
CorelDRAW

玛利亚·帕西科夫斯基
Mariya Paskovsky
《派对女孩》，2010
黑墨水、Adobe Illustrator

罗伦·毕夏普
Lauren Bishop
《圣诞女孩》，2007
综合材料

凯瑞·赫斯
Kerrie Hess
《粉色颇特女士》，2009
笔、墨水、Adobe Photoshop

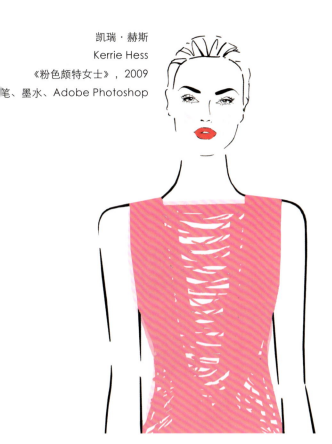

花本智子
Tomoko Hanamoto
《个人创作》，2010
拼贴、水彩、打印纸

凯瑞·赫斯
Kerrie Hess
《巴黎美女》，2009
钢笔、墨水、Adobe Photoshop

玛利亚·帕西科夫斯基

Mariya Paskovsky

《读着诗歌，有只蝴蝶》，2007

黑色墨水

路易斯·蒂诺科

Luis Tinoco

出自 Top 杂志（英国），《罗达特》，2009

水彩、Adobe Photoshop

艾里克·斯特朗

Alec Strang

《德里克劳勒作品 2 号》，2009

自动铅笔、Adobe Photoshop

罗宾·尼克·内尔德
Robyn NicoleNeild
《情迷靓鞋》，2008
水粉、色粉

秋·怀特赫斯特
Autumn Whitehurst
《巴尔曼》，2009
Adobe Photoshop、Adobe Illustrator、Corel Painter

奥尔马兹德·格夫·纳日勒瓦拉

Hormazd Geve Narielwalla

《丹尼尔·培尔内》，出自网站 A.K.A

ashadedviewonfashion.com ，2010

摄影拼贴、Adobe Illustrator、Adobe Photoshop

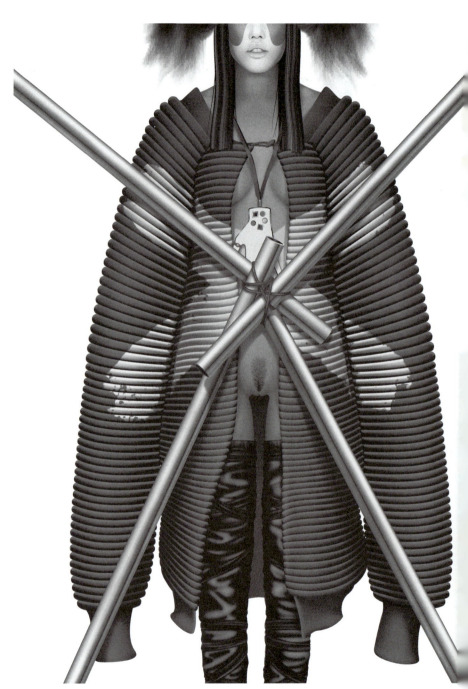

杰西·奥尔萨罗

Jesse Auersalo

《紫狼》，2010

Macromedia FREEHAND, Adobe Photoshop

今井由美
Yumi Imai
《个人创作》，2009
粉质矿物颜料、明胶

阿塔克斯尼雅
Artaksiniya
《马吉拉妇女》，2010
丙烯、Adobe Photoshop

克斯丁·瓦克
Kerstin Wacker
《婚礼1》，2008
水彩、墨水笔、Adobe Photoshop

玛利亚·帕西科夫斯基
Mariya Paskovsky
《新娘装》，2008
黑墨水、Adobe Illustrator

马克西姆·萨瓦
Maxim Savva
出自 *You and your wedding* 杂志，《新娘》，2008
Adobe Illustrator

玛利亚·卡德林
Maria Cardelli
《婚纱礼服》，2004
墨水、Adobe Photoshop

高木信子
Nobuko Takagi
《新娘》，2008
Adobe Photoshop

卡利·摩登
Kari Moden
《新娘》，2009
Adobe Illustrator

小町花子
Hanako Komachi
《个人创作》，2008
丙烯、彩铅

艾蕾娜·拉伏多斯卡亚
Alena Lavdovskaya
出自世界时装之苑 Elle（俄罗斯），《夏日星座》，2010
铅笔、Adobe Photoshop

右页图：
萨曼莎·汉纳
Samantha Hahn
《明星们》，2009
钢笔、Adobe Photoshop